BEI GRIN MACHT SICH IHR WISSEN BEZAHLT

AF144609

- Wir veröffentlichen Ihre Hausarbeit, Bachelor- und Masterarbeit

- Ihr eigenes eBook und Buch - weltweit in allen wichtigen Shops

- Verdienen Sie an jedem Verkauf

Jetzt bei www.GRIN.com hochladen und kostenlos publizieren

Roland Baum

Unterrichtsstunde Wahrscheinlichkeit: Würfeln mit zwei Würfeln

Mathematik Stochastik Klasse 4

GRIN Verlag

Bibliografische Information der Deutschen Nationalbibliothek:

Die Deutsche Bibliothek verzeichnet diese Publikation in der Deutschen National-
bibliografie; detaillierte bibliografische Daten sind im Internet über http://dnb.d-
nb.de/ abrufbar.

Impressum:

Copyright © 2007 GRIN Verlag GmbH
Druck und Bindung: Books on Demand GmbH, Norderstedt Germany
ISBN: 978-3-640-38268-2

Dieses Buch bei GRIN:

http://www.grin.com/de/e-book/128363/unterrichtsstunde-wahrscheinlichkeit-
wuerfeln-mit-zwei-wuerfeln

GRIN - Your knowledge has value

Der GRIN Verlag publiziert seit 1998 wissenschaftliche Arbeiten von Studenten, Hochschullehrern und anderen Akademikern als eBook und gedrucktes Buch. Die Verlagswebsite www.grin.com ist die ideale Plattform zur Veröffentlichung von Hausarbeiten, Abschlussarbeiten, wissenschaftlichen Aufsätzen, Dissertationen und Fachbüchern.

Besuchen Sie uns im Internet:

http://www.grin.com/

http://www.facebook.com/grincom

http://www.twitter.com/grin_com

Roland Baum
Lehreranwärter
Studienseminar Buchholz

Lüneburg, den 01.01.08

Entwurf einer Unterrichtsstunde anlässlich eines Beratungsbesuchs im Fach Mathematik

Unterrichtszeit: 18.01.2007, 8.00 Uhr – 08.54 Uhr
Lerngruppe: Klasse 4a (13 Mädchen, 14 Jungen)
Schulleitung:
Fachlehrkraft:
Klassenlehrerin:
Zuständige Ausbildende:

Einordnung in das Kerncurriculum:

Inhaltsbezogene Kompetenzen:
Kompetenzbereich Daten und Zufall

„Die Schülerinnen und Schüler

… schätzen die Wahrscheinlichkeit von Ergebnissen einfacher Zufallsexperimente (z.B. Gewinnchancen bei Würfelspielen) qualitativ ein und überprüfen die Vorhersage." (KC, S. 32)

Prozessbezogene Kompetenzen:
Kompetenzbereich Kommunizieren/Argumentieren

„Die Schülerinnen und Schüler

… entdecken und beschreiben mathematische Zusammenhänge (z.B. in der Auswertung von Diagrammen oder Strukturen in produktiven Übungsaufgaben) " (KC, S. 15)

Thema der Unterrichtseinheit: Ausgewählte Probleme der Stochastik

Thema der Unterrichtsstunde: Wahrscheinlichkeit: Würfeln mit zwei Würfeln

Stellung der Stunde in der Unterrichtseinheit:
1. Kombinatorik: Die Händeschüttelproblematik – Zählstrategien   (1)
2. Kombinatorik: Harry Potters Kleiderschrank   (1)
3. Kombinatorik: Darstellungsweisen – Baumdiagramme   (1)
4. Wahrscheinlichkeit: Würfeln mit einem Würfel – Würfeltest   (1)
5. **Wahrscheinlichkeit: Würfel mit zwei Würfeln**   **(1)**
6. Wahrscheinlichkeit: Ziehen aus Urnen   (2)

Themenbezogene Zielsetzung:

Stundenziel:
Die Schülerinnen und Schüler bestimmen experimentell oder heuristisch die häufigste Augensumme beim Würfeln mit zwei Würfeln.

Teillernziele:

Die Schülerinnen und Schüler …

TLZ 1: …erfassen korrekt die Regeln für das „Wurmspiel" mit zwei Würfeln.

TLZ 2: …verbalisieren eigenständig eine Hypothese für eine geeignete Gewinnzahl.

TLZ 3a: … entwickeln kooperativ eine Strategie zur Bestimmung der Häufigkeit der Augensummen.

TLZ 3b: … entwickeln kooperativ eine vorgegebene Strategie zur Bestimmung der Häufigkeit der Augensummen weiter.

TLZ 3c: … bestimmen kooperativ die Häufigkeit der Augensummen durch wiederholtes Würfeln und mit Hilfe einer Strichliste.

TLZ 4: … präsentieren kooperativ ihren Lösungsansatz.

TLZ 5: …entwickeln altersangemessen Erklärungsansätze für die Häufigkeitsverteilung.

TLZ 6: … vergleichen die verschiedenen Lösungswege.

Differenzierung:

Quantitative Differenzierung:

TLZ 7:
Einige Schülerinnen und Schüler stellen die gefundene Häufigkeitsverteilung in Form eines Säulendiagramms dar.

Qualitative Differenzierung:

Zur Lösung der Aufgabe gibt es Hilfestellungen (s. Anhang), die einige Schülerinnen und Schüler in Anspruch nehmen. Aus ihnen ergibt sich die in TLZ 3 vorgenommene qualitative Differenzierung.

Zentrale Aufgabenanalyse

Aufgabestellung	Notwendige inhaltliche Teilschritte	Anforderungsbereich laut KC	Mögliche inhaltliche Schwierigkeiten	Konkrete inhaltliche/methodische Hilfestellungen
Die Schülerinnen und Schüler entwickeln eine Strategie zur Bestimmung der Häufigkeit von Augensummen beim Würfeln mit zwei Würfeln.	Erfassen der Regeln des Wurmspiels	I	Der Begriff „Augensumme" wird nicht verstanden.	Der Begriff wird erläutert, die Regeln werden demonstriert.
	Ermitteln alle möglichen Augensummen	I	Die „1" oder Zahlen größer als 12 werden als Augensumme angegeben.	Die möglichen Augensummen werden in der Hinführungsphase bestimmt.
	Entwickeln einer Hypothese für eine geeignete Gewinnzahl	II	Es wird nicht erkannt, dass unterschiedliche Wahrscheinlichkeiten vorliegen.	Es findet keine Korrektur statt, da die Aussagen zur Gewinnzahl zunächst hypothetischen Charakter haben.
	Entwickeln eines Lösungsansatzes	III	Die SuS finden keinen Lösungsansatz.	Der empirische Ansatz über eine Strichliste wurde bereits auf das Würfeln mit einem Würfel erarbeitet. Hilfekarten führen entweder auf den empirischen Lösungsweg oder auf einen heuristischen Ansatz.
	Anlegen einer Strichliste	I	Das Verfahren wird nicht verstanden.	Das Anlegen und Auswerten einer Strichliste wurde geübt.
	Zu jeder möglichen Summe werden alle möglichen Würfelergebnisse erfasst.	II	Kommutative Würfelergebnisse (3+5 , 5+3) werden als ein Ergebnis gezählt.	Auf der Hilfekarte sind für ein kommutatives Ergebnis beide Möglichkeiten aufgelistet. Individuelle Hilfestellung, Nachlegen der Ergebnisse mit Würfeln. u.U. auch Anregung zum Anlegen einer 1+1-Tabelle

Zeit	Unterrichtsphase	TLZ	Geplantes Unterrichtsgeschehen	Arbeits- und Organisationsformen	Medien
8.00 Uhr – 8.15 Uhr	Hinführung	1	Begrüßung; LA stellt Stundenthema und organisatorischen Ablauf vor LA präsentiert „Wurmspiel" mit neuen Regeln (2 Würfel), zwei SuS spielen an der Tafel.	*Gewohnte Sitzordnung* Informierender Einstieg gelenktes Unterrichtsgespräch	Tafel Wortkarten zu Phasen der Mathekonferenz
		2	Die SuS spielen das Wurmspiel in Partnerarbeit. Unterrichtsgespräch: Welche Augensummen können überhaupt gewürfelt werden? Welche Gewinnzahl würdet ihr wählen?	Partnerarbeit gelenktes Unterrichtsgespräch	Magnetpins Würfel Muggelsteine Spielfeld
8.15 – 8.35 Uhr	Erarbeitung		Arbeitsauftrag: Gibt es eine Gewinnzahl, die besonders häufig gewürfelt wird?	*Gruppenplätze*	AB Plakate
		3a,b,c	Die SuS bearbeiten das Problem in Gruppenarbeit. Sie halten ihre Lösungsansätze auf Plakaten fest.	Gruppenarbeit	Hilfekarten
		7	Einige Gruppen stellen ihre gefundene Häufigkeitsverteilung in einem Säulendiagramm dar.		
8.35 – 8.54 Uhr	Sicherung	4,5	Die Schülerinnen und Schüler präsentieren ihre Lösungsansätze auf Plakaten.	*Gewohnte Sitzordnung* Schülerpräsentation	Tafel
		6	Die Lösungswege werden verglichen. Falls keine Gruppe eine befriedigende Lösung findet, wird im Unterrichtsgespräch ein Lösungsansatz erarbeitet: Alle möglichen Summen zunächst in einer 1+1-Tabelle auf quadratischen Schildern gesammelt. Die Schilder werden anschließend zu einem Säulendiagramm umgeordnet. Didaktische Reserve: Spiel: „Auskicken"	gelenktes Unterrichtsgespräch	Tafelkarten

Literatur:

Blaseio, Beate (2002): Rechenkonferenzen. Strategische Verfahren bei der halbschriftlichen Addition anwenden. In: Grundschulmagazin 11-12/2002

Niedersächsisches Kultusministerium (2006): Kerncurriculum für die Grundschule. Schuljahrgänge 1-4. Mathematik. Hannover: o.V.

Kultusministerkonferenz (KMK) (2004): Bildungsstandards im Fach Mathematik für den Primarbereich (Jahrgangsstufe 4).

Kurhofer, Dirk (2005): Mathekonferenzen. In: Grundschule Mathematik 4/2005, S. 39 - 41

SINUS-Transfer NRW: Augensummen (http://db.learnline.de/angebote/sinus/projekt1/material/materialeintragsinusp1.jsp?matId=198), 02.01.2008)

Sundermann, Beate & Selter, Christoph (2006a): Pädagogische Leistungskultur: Materialien für Klasse 3 und 4. Frankfurt am Main: Grundschulverband.

Steinborn, Dorit: Illustration der Themenfelder des neuen Rahmenlehrplans und der KMK-Bildungsstandards für die Jahrgangsstufe 4 (http://www.mbjs.brandenburg.de/sixcms/media.php/1227/mathematik_grundschule.pdf, 01.01.2008)

Universität Bayreuth, Zentrum zur Förderung des mathematisch-naturwissenschaftlichen Unterrichts: Systematisches Zählen und stochastisches Denken in der Grundschule (http://z-mnu.uni-bayreuth.de/mathematik/daten/Stochastik_GS.pdf, 02.01.2008)

Ulm, Volker: Wie viele Möglichkeiten gibt es eigentlich ...? Stochastische Fragen zur Förderung mathematisch begabter Grundschüler (http://www.math.uni-augsburg.de/prof/dida/fortbildungen/begabungenentfalten/stochastik_ulm.pdf, 02.01.2008)

Anleitung `Wurmspiel´:
Zwei SuS setzen ihre Spielfigur zunächst an das linke Ende des Wurms. Jeder wählt eine Gewinnzahl. Es wird mit zwei Würfeln gewürfelt und die Summe der Augenzahlen gebildet. Wer seine Gewinnzahl würfelt, darf ein Feld nach vorne setzen. (vgl. z.B. Steinborn *ohne Datum*)

Anleitung ´Auskicken´:

Zwei SuS erhalten je eine Auflistung der Zahlen von 2 bis 12. Es wird abwechselnd mit zwei Würfeln gewürfelt. Der Würfler darf entweder die beiden einzelnen Augenzahlen durchstreichen oder die Summe der Augenzahlen. Wer zuerst alle Zahlen durchgestrichen hat, hat gewonnen.

Tafelbild:

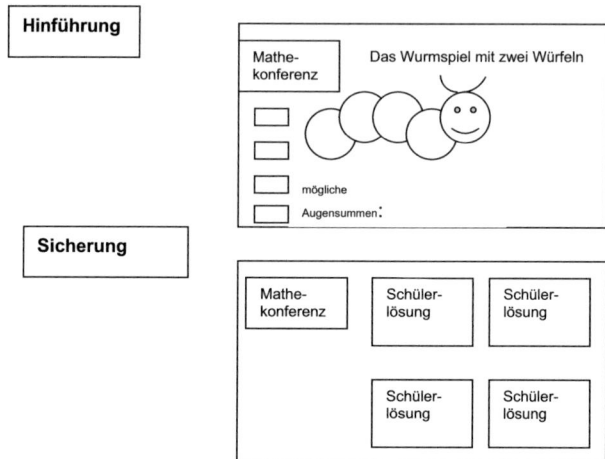

Hinführung

Mathe-konferenz

Das Wurmspiel mit zwei Würfeln

mögliche
Augensummen:

Sicherung

Mathe-konferenz | Schüler-lösung | Schüler-lösung

Schüler-lösung | Schüler-lösung

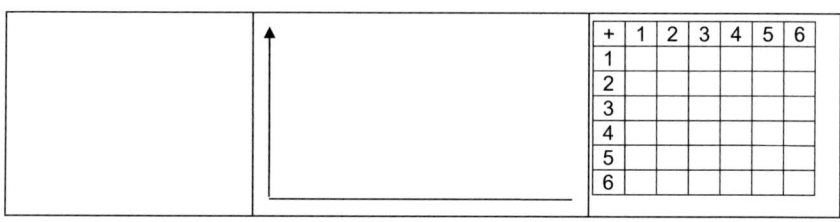

+	1	2	3	4	5	6
1						
2						
3						
4						
5						
6						

Name: _____   Datum: _____

Mathekonferenz!   **Wahrscheinlichkeit: Würfeln mit zwei Würfeln**

Das Wurmspiel

Diesmal wird mit zwei Würfeln gewürfelt und die **Augensumme** gebildet.

Problem: Gibt es eine Zahl, die besonders häufig gewürfelt wird?

Vermutung: Die Zahl _____ wird besonders häufig gewürfelt.

Versuche, eine Lösung zu finden!
Du kannst mit einem oder zwei Partnern zusammenarbeiten!
Ihr könnt euren Lösungsweg auf dem Plakat aufschreiben oder Zeichnungen anfertigen!
Wenn ihr nicht weiter wisst, dann könnt ihr euch bei Herrn Baum eine Hilfekarte holen!

Ergebnis: Die Zahl _____ wird besonders häufig gewürfelt.

Erklärt euren Mitschülern euren Lösungsweg! Vergleicht die Lösungswege!

Diesen Lösungsweg finde ich besonders gut:

Augenzahl	2	3	4	5	6	7	8	9	10	11	12
Häufigkeit (Strichliste)											
Häufigkeit (Ergebniszahl)											

Häufigkeit

2 3 4 5 6 7 8 9 10 11 12   Augensumme

Überlegt:
Wie viele Möglichkeiten gibt es, eine 4 zu Würfeln?
Wie viele Möglichkeiten gibt es, eine 5 zu würfeln?
Füllt die Tabelle aus!

Augensumme	Mögliche Würfelergebnisse	Anzahl der Möglichkeiten
2	1 + 1	1
3	1 + 2, 2 + 1	2
4	1 + 3, ...	
5		
6		
7		
8		
9		
10		
11		
12		

Für welche Zahl gibt es die meisten Möglichkeiten?   Antwort: _____

Zeichnet ein Säulendiagramm, in dem für jede Augensumme die Anzahl der Möglichkeiten abzulesen ist!

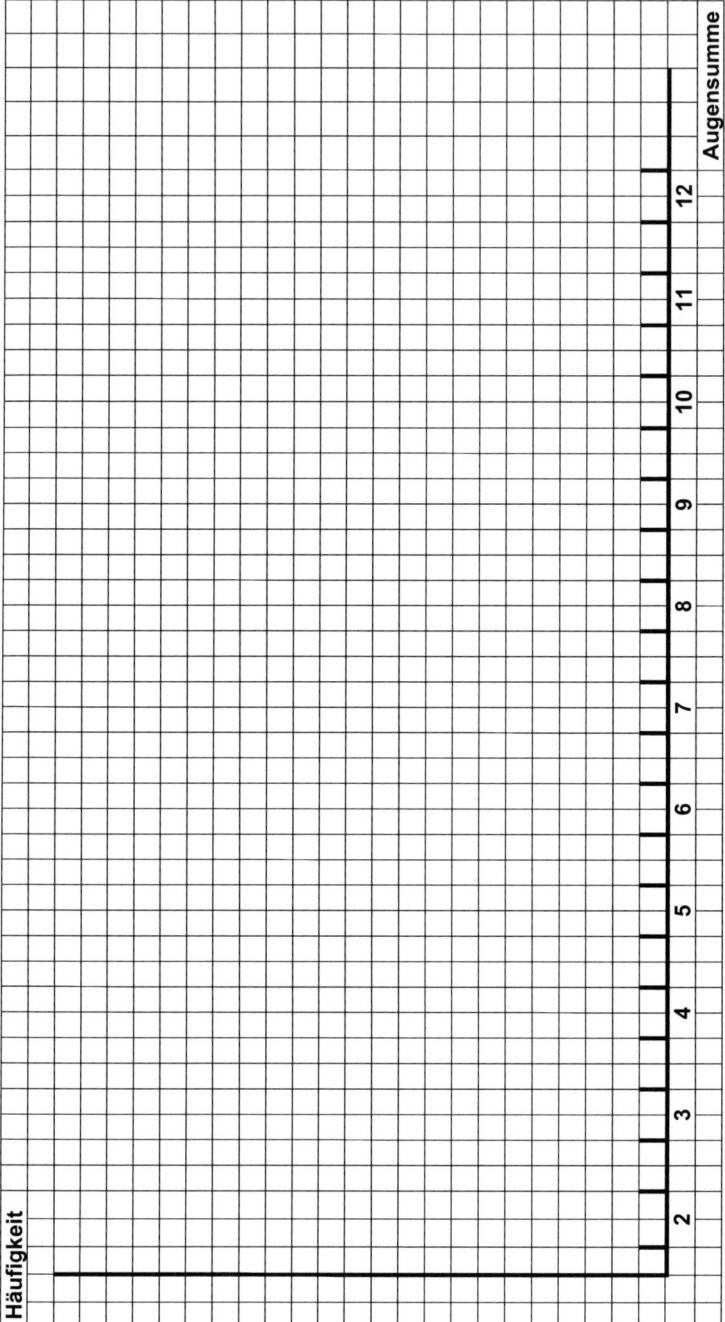

Häufigkeit

Augensumme

2 3 4 5 6 7 8 9 10 11 12